Verónica del Pilar Gavilanes Fray
Fausto Mauricio Tamayo Vásquez
Blanca Georgina Costales Coronel

Cuerpos Vacíos, Mentes Limitadas

Verónica del Pilar Gavilanes Fray
Fausto Mauricio Tamayo Vásquez
Blanca Georgina Costales Coronel

Cuerpos Vacíos, Mentes Limitadas

La Desnutrición y su Impacto en el Desarrollo Psicomotor Infantil

Editorial Académica Española

Imprint

Any brand names and product names mentioned in this book are subject to trademark, brand or patent protection and are trademarks or registered trademarks of their respective holders. The use of brand names, product names, common names, trade names, product descriptions etc. even without a particular marking in this work is in no way to be construed to mean that such names may be regarded as unrestricted in respect of trademark and brand protection legislation and could thus be used by anyone.

Cover image: www.ingimage.com

Publisher:
Editorial Académica Española
is a trademark of
Dodo Books Indian Ocean Ltd. and OmniScriptum S.R.L publishing group

120 High Road, East Finchley, London, N2 9ED, United Kingdom
Str. Armeneasca 28/1, office 1, Chisinau MD-2012, Republic of Moldova, Europe
Printed at: see last page
ISBN: 978-613-9-44082-5

Índice

Resumen ………………………………………………………...…............... 1

Introducción a la Desnutrición Infantil ……………………………...…......... 2

Definición de desnutrición …………………………………………...…......... 2

Definición de malnutrición …………………………………………...…......... 3

Tipos de desnutrición ……………………………………………………......... 5

El Marasmo ……………………………………………………………….….. 7

Kwashiorkor ……………………………………………………………..…... 10

Causas de la Desnutrición Infantil ……………………………………….….. 18

Complicaciones ……………………………………………………………….. 21

Desarrollo Psicomotor en la Primera Infancia …………………………….…... 32

Efectos de la Desnutrición en el Desarrollo Psicomotor ……………..…........... 36

Intervenciones Nutricionales ………………………………………………..... 41

Desnutrición Aguda Severa (DAS) y su relación con infecciones …………….…. 42

Tratamientos nutricionales para la desnutrición ……………………………….. 43

Aumento de la sostenibilidad y accesibilidad en la intervención nutricional 44

Programas de alimentación y recuperación nutricional ……………………........ 45

Importancia de la Sostenibilidad ……………………………………………..... 47

Perspectiva de la educación popular en la educación nutricional ……………....…. 49

Prevención y reducción de la desnutrición infantil …………………………….…. 50

Incidencia de la desnutrición infantil en menores de 5 años en Ecuador …….…….. 54

Resumen de hallazgos clave …………………………………………………..... 55

Propuestas para futuros estudios e intervenciones …………………………….....56

Referencias …………………………………………………………………..... 57

"Cuerpos Vacíos, Mentes Limitadas: La Desnutrición y su Impacto en el Desarrollo Psicomotor Infantil"

Autores: Verónica Gavilanes Fray, Mauricio Tamayo Vásquez, Blanca Costales Coronel.

RESUMEN

La desnutrición en niños menores de cinco años tiene diversas causas y consecuencias que impactan a nivel nacional. Esta investigación tiene como objetivo contribuir a la disminución de la desnutrición infantil. La infancia es una etapa crucial en el desarrollo humano, marcada por el crecimiento y desarrollo que requiere una nutrición adecuada, esencial para el organismo. En Ecuador, el 27,2% de los niños menores de 2 años sufre de desnutrición crónica, lo que afecta la productividad del país y tiene repercusiones a lo largo de la vida. La falta de una alimentación saludable antes de los 5 años influye negativamente en el desarrollo físico, emocional e intelectual de los niños. Los niños desnutridos suelen presentar un peso y una estatura inferiores a los esperados para su edad. Sin embargo, existen múltiples factores que contribuyen a la desnutrición infantil, incluyendo los daños cerebrales causados por la falta de nutrientes. Además, este problema no se limita a la carencia de alimentos, sino que puede estar relacionado con la falta de conocimiento de los padres sobre la alimentación adecuada para sus hijos, lo que puede tener efectos adversos en el organismo.

1. ***Introducción a la Desnutrición Infantil***

o **Definición de desnutrición**

La nutrición es un proceso esencialmente biológico que se activa cuando el ser humano consume alimentos necesarios para mantener una vida saludable. Este proceso implica la absorción de nutrientes esenciales, los cuales son integrados en el organismo para asegurar un crecimiento adecuado y el funcionamiento óptimo de todas las funciones corporales. La calidad de la nutrición no solo impacta en el desarrollo físico, sino también en el bienestar general, incluyendo aspectos mentales y emocionales. Una nutrición equilibrada es fundamental para fortalecer el sistema inmunológico, mejorar la capacidad cognitiva y prevenir enfermedades a largo plazo. Además, una adecuada alimentación durante las etapas críticas de crecimiento, como la infancia y la adolescencia, es crucial para el desarrollo integral del individuo, influenciando su salud y calidad de vida en el futuro (Carpio-Arias, y otros, 2018).

Según (Martínez, Salazar Duque, Portugal Morejón, & Lala Gualotuña, 2020), la desnutrición se refiere a un conjunto de síntomas clínicos, así como a alteraciones bioquímicas y antropométricas que resultan de una ingesta insuficiente y/o un aprovechamiento inadecuado de macronutrientes, lo que lleva a la insatisfacción de las necesidades nutricionales del organismo. Esta condición no solo reduce las defensas del cuerpo, aumentando la vulnerabilidad a diversas enfermedades, sino que también se manifiesta en un peso corporal o una estatura por debajo de lo que sería adecuado para la edad del individuo.

La desnutrición es, por lo tanto, un fenómeno complejo y de origen multifactorial, influenciado por una amplia gama de condiciones sociales y económicas. Es uno de los problemas más graves que enfrenta la población infantil a nivel global. De acuerdo con UNICEF, la Organización Mundial de la Salud (OMS) y el Banco Mundial (2019), la desnutrición infantil es un reflejo de desigualdades estructurales que afectan a millones de niños en todo el mundo, limitando no solo su desarrollo físico, sino también su potencial cognitivo y su capacidad de llevar una vida saludable en el futuro. Este problema demanda una atención urgente y un enfoque integral que aborde tanto las causas inmediatas como las subyacentes de la malnutrición, incluyendo la pobreza, la falta de acceso a servicios de salud y educación, y la inseguridad alimentaria (UNICEF, 2022), (Salud, 2024).

- **Definición de malnutrición**

La malnutrición puede definirse como un desequilibrio nutricional que se manifiesta en un individuo, ya sea por una dieta deficiente o excesiva. Esta condición es uno de los factores más importantes que contribuyen a la carga global de morbilidad, pues más de un tercio de las enfermedades infantiles a nivel mundial se originan en la desnutrición, la cual es principalmente desencadenada por la pobreza, según (González, Font, Ochoa, Rodríguez, & Estrada, 2020).

La desnutrición ha sido reconocida históricamente como un componente esencial para mantener un buen estado de salud y garantizar una calidad de vida adecuada. Desde la antigüedad, figuras como Hipócrates y Galeno la consideraron de vital importancia. La malnutrición proteico-energética, en particular, se refiere a un conjunto de manifestaciones clínicas, alteraciones bioquímicas y antropométricas que ocurren cuando una persona no ingiere la cantidad necesaria de nutrientes de acuerdo con su peso, lo que sus órganos y tejidos necesitan para funcionar y desarrollarse adecuadamente. Esta condición se conoce como una alteración sistémica que es potencialmente reversible y que presenta diferentes grados de intensidad (Cuevas-Nasu, y otros, 2019).

En la actualidad, se reconoce que, desde la segunda mitad del siglo pasado, han surgido nuevas investigaciones y cambios significativos en el campo de la nutrición, planteando desafíos teóricos importantes. La malnutrición es esencialmente un fenómeno multifactorial, ya que involucra aspectos biológicos, sociales, culturales y socioeconómicos (Paraje, 2008). Además, (Pozo Aguilar, 2022) señala que esta patología, al ser resultado de un consumo insuficiente de alimentos, facilita la aparición repentina de enfermedades infecciosas. La malnutrición se clasifica según su tiempo de aparición en aguda o crónica; según su causa, puede ser primaria, si es debida a la falta de ingesta de alimentos, o secundaria, si se debe a un impacto biológico provocado por otras patologías. Además, se clasifica por su gravedad en leve, moderada o severa, y según su mecanismo fisiopatológico, como marasmo, Kwashiorkor o mixto.

Este enfoque integral y complejo de la malnutrición subraya la necesidad de abordarla desde múltiples perspectivas, considerando no solo la provisión de alimentos, sino también las condiciones socioeconómicas y culturales que contribuyen a su desarrollo. El desafío de enfrentar la malnutrición globalmente exige soluciones integradas que puedan adaptarse a diferentes contextos y necesidades, reconociendo que es un problema que afecta profundamente el bienestar físico, mental y social de las personas, especialmente de los más vulnerables.

○ **Tipos de desnutrición**

Según (Cancela, 2021), la desnutrición se manifiesta como una enfermedad resultante de una dieta inadecuada, baja en calorías y proteínas. Esta condición puede ser provocada por factores sociales, como las hambrunas que afectan a las regiones subdesarrolladas, o por deficiencias en el organismo, como en el caso de la anorexia, donde el cuerpo es incapaz de absorber los nutrientes necesarios. La desnutrición tiene un impacto especialmente devastador durante etapas críticas como el embarazo, la fase fetal, la lactancia, la infancia y la vejez. Actualmente, afecta a uno de cada seis adultos y a uno de cada tres niños.

Esta situación refleja no solo la falta de acceso a alimentos adecuados, sino también la complejidad de los factores que contribuyen a la desnutrición, que incluyen tanto elementos biológicos como socioeconómicos. Durante el embarazo y la fase fetal, la desnutrición puede causar problemas graves en el desarrollo del feto, aumentando el riesgo de complicaciones tanto para la madre como para el niño. En la infancia, esta condición puede resultar en un crecimiento deficiente y problemas cognitivos, que a menudo tienen efectos duraderos en la salud y el bienestar a lo largo de la vida.

Asimismo, la desnutrición en la vejez puede llevar a un deterioro más rápido de la salud, agravando enfermedades crónicas y aumentando la vulnerabilidad a infecciones. La prevalencia de la desnutrición en estas etapas de la vida subraya la importancia de abordarla no solo como un problema alimentario, sino como un desafío que requiere intervenciones integrales y sostenibles. Es esencial promover políticas y programas que garanticen el acceso a una nutrición adecuada para todas las personas, especialmente en las poblaciones más vulnerables, para mitigar los efectos devastadores de la desnutrición en todas las etapas de la vida.

Tabla 1. Tipos de desnutrición

TIPO DE LA DESNUTRICIÓN INFANTIL CRÓNICA	FACTORES QUE INFLUYEN EN LA DESNUTRICIÓN INFANTIL	MANIFESTACIONES SOBRE LA DESNUTRICIÓN INFANTIL
DESNUTRICIÓN INFANTIL CRÓNICA	-En retraso en su crecimiento. -Indica una carencia de los nutrientes necesarios durante un tiempo prolongado.	Se manifiesta que es un fenómeno de origen multifactorial, resultado de una amplia gama de condiciones sociales y económicas.

| **DESNUTRICIÓN INFANTIL AGUDA MODERADA** | -Pesa menos de lo que le corresponde con relación a su altura.

-Se mide también por el perímetro del brazo, que está por debajo del estándar de referencia.

-Requiere un tratamiento inmediato para prevenir que empeore. | Se manifiesta por bajo peso en relación con la talla del individuo, el cual se origina por una situación reciente de falta de alimentos o una enfermedad que haya producido una pérdida rápida de peso. Este tipo de desnutrición es recuperable, sin embargo, de no ser atendida oportunamente pone en alto riesgo la vida del individuo. |
| **DESNUTRICIÓN INFANTIL AGUDA GRAVE O SEVERA** | -El niño tiene un peso muy por debajo del estándar de referencia para su altura.

-Se mide también por el perímetro del brazo.

-Altera todos los procesos vitales del niño y conlleva un alto riesgo de mortalidad.

-El riesgo de muerte para un niño con desnutrición aguda grave es 9 veces superior que para un niño en condiciones normales. | Se manifiesta por una baja talla de acuerdo con la edad del individuo, a consecuencia de enfermedades recurrentes y/o una ingesta alimentaria deficiente y prolongada. Este tipo de desnutrición disminuye permanentemente las capacidades físicas, mentales y productivas del individuo, cuando ocurre entre la gestación y los treinta y seis meses. |

Elaboración: Autores

El Marasmo

Este tipo de desnutrición se caracteriza por ser el resultado de un bajo consumo de alimentos, siendo especialmente común entre los niños de clases sociales bajas en áreas urbanas. Estos niños suelen ser amamantados por un corto período de tiempo y luego se les alimenta con leches diluidas y a menudo contaminadas con agua, lo que aumenta el riesgo de diarreas e infecciones gastrointestinales, contribuyendo a su desnutrición.

El infante que sufre de marasmo, una forma severa de desnutrición muestra un retraso significativo en el peso correspondiente a su edad y en el peso en relación con su estatura. Además, pierde gran parte de su tejido graso subcutáneo, lo que deja su piel flácida y sus huesos más visibles, dándole una apariencia frágil y demacrada. Estos niños no solo experimentan un retraso en el crecimiento físico, sino que también pueden sufrir de debilidad muscular, problemas en el desarrollo cognitivo y un sistema inmunológico comprometido, lo que los hace más vulnerables a otras enfermedades.

La situación es particularmente grave en contextos donde la pobreza limita el acceso a una nutrición adecuada y a servicios de salud, perpetuando un ciclo de malnutrición y enfermedad. Para estos niños, la intervención temprana es crucial, ya que la desnutrición prolongada puede tener efectos irreversibles en su desarrollo físico y mental. Abordar esta forma de desnutrición requiere no solo mejorar el acceso a alimentos nutritivos y seguros, sino también implementar programas de educación y apoyo a las familias para garantizar que los niños reciban el cuidado y la alimentación adecuada desde el nacimiento (Saca Molina, 2018).

(Realpe Muñoz, 2013) describe el marasmo como una forma crónica de desnutrición proteico-energética (DNT), caracterizada por una grave pérdida de tejido subcutáneo, músculos y grasa, lo que provoca que los niños afectados presenten una apariencia envejecida o con piel arrugada. A pesar de la severa emaciación que sufren estos niños, sorprendentemente tienen una mayor capacidad de resistir una reducción en la ingesta de proteínas y lípidos en comparación con otros tipos de desnutrición.

Sin embargo, esta capacidad de resistencia no debe interpretarse como una señal de salud, sino como una adaptación del cuerpo a la carencia extrema de nutrientes. Aunque el marasmo puede parecer menos mortal a corto plazo que otras formas de desnutrición, como el Kwashiorkor, sus efectos a largo plazo son igualmente devastadores. Los niños con marasmo no solo experimentan un retraso significativo en su crecimiento físico, sino que también enfrentan un riesgo elevado de infecciones y un deterioro cognitivo, ya que su cuerpo, en un esfuerzo por conservar energía, sacrifica el desarrollo de funciones vitales.

La intervención temprana es esencial para estos niños, ya que el marasmo, si no se trata adecuadamente, puede llevar a complicaciones graves e incluso a la muerte. Es crucial proporcionar un soporte nutricional intensivo y atención médica para revertir los efectos de esta condición y permitir que los niños recuperen su salud y desarrollo normal. Además, es importante abordar las causas subyacentes del marasmo, como la pobreza, la inseguridad alimentaria y la falta de acceso a servicios de salud, para prevenir que más niños sufran de esta forma severa de desnutrición.

Kwashiorkor

Este tipo de desnutrición se caracteriza por una deficiencia casi exclusivamente proteica. Suele afectar a niños que, tras un período prolongado de lactancia materna, comienzan a recibir una dieta basada principalmente en carbohidratos, pero con una ingesta muy baja en proteínas. Estos niños presentan un edema en la zona abdominal, y su estado de desnutrición puede empeorar debido a diversas infecciones (Naranjo Castillo, Alcivar Cruz, Rodriguez Villamar, & Betancourt Bohórquez, 2020).

Clínicamente, uno de los signos más distintivos es la presencia de edema, acompañado de otros síntomas como dermatosis, diarrea, hígado graso, cambios en el cabello, pérdida de interés y disminución del apetito (Realpe Muñoz, 2013). A pesar de la desnutrición, el peso del niño puede parecer adecuado para su edad. Este tipo de desnutrición proteico-energética (DNT) es más común en las zonas rurales de países en desarrollo, afectando principalmente a niños de alrededor de 2 años, coincidiendo con el período de destete y la introducción de una dieta rica en almidón, pero pobre en proteínas.

Este tipo de desnutrición se asocia con la pérdida de proteínas en el compartimento visceral del cuerpo, especialmente en el hígado, mientras que el músculo y el tejido adiposo suelen estar relativamente conservados. La hipoalbuminemia resultante provoca un edema generalizado, que puede ocultar la pérdida de peso real. El hígado graso, que aumenta de tamaño, es causado por una síntesis inadecuada de lipoproteínas, lo que lleva a la acumulación de triglicéridos en el hígado, movilizados desde otras partes del cuerpo. Además, los niños afectados suelen mostrar apatía, decaimiento y anorexia. La atrofia reversible de la mucosa del intestino delgado puede llevar a problemas de malabsorción (Connect, 2018).

Este tipo de desnutrición resalta la importancia de una alimentación equilibrada que no solo proporcione energía, sino también los nutrientes esenciales, como las proteínas, para el desarrollo y la salud general del niño. Sin una intervención adecuada, esta condición puede tener efectos devastadores a largo plazo en la salud y el desarrollo de los niños afectados.

Grados de desnutrición infantil

Tabla 2. Grados de desnutrición infantil

Grados de desnutrición infantil		
Desnutrición Grado I	**Desnutrición Grado II**	**Desnutrición Grado IIII**
La desnutrición grado I o leve se da cuando el peso para la edad del niño es normal, pero el peso para la talla es bajo. Se trata de niños que, a pesar de tener una talla normal, no han podido alcanzar un peso acorde para la misma.	La desnutrición grado II o moderada, cuando el niño menor de un año posee un peso para la edad bajo. También se considera desnutrición moderada cuando los niños de 1 a 4 años poseen una relación baja de peso/talla.	La desnutrición grado III o grave se produce si el niño menor de un año tiene un déficit del 40% o más del peso ideal para su edad. Además, se dice que es un cuadro de desnutrición grave, cuando el niño mayor de un año posee una reducción de la relación peso/talla de más del 30%.

Según (UNICEF, 2021) es importante aclarar que cuanto más temprano se trate la desnutrición más rápida será la recuperación y menores las secuelas que puedan quedar.

Tipos de determinantes en la desnutrición

Existen diferentes tipos de determinantes en la desnutrición, los cuales pueden clasificarse en inmediatos, subyacentes y básicos. Los determinantes inmediatos incluyen factores como la falta de lactancia materna hasta una edad adecuada y la presencia de enfermedades infecciosas, tales como infecciones respiratorias agudas y diarreas agudas, que afectan tanto la ingesta como la utilización de nutrientes. Además, la desnutrición también se ve influenciada por dietas insuficientes, tanto en cantidad como en calidad, lo que refleja una carencia en la alimentación complementaria adecuada (Fernández-Martínez, 2022).

Los determinantes subyacentes de la desnutrición incluyen la inseguridad alimentaria, que se refiere a la falta de acceso constante a alimentos nutritivos y suficientes; prácticas inadecuadas de cuidado y alimentación de los niños; la falta de acceso a servicios médicos; y condiciones de higiene deficientes, que pueden exacerbar la vulnerabilidad a enfermedades y, por lo tanto, a la desnutrición. Por otro lado, los determinantes básicos están vinculados a factores más amplios, como las políticas económicas y sociales del país, el entorno sociocultural y los recursos disponibles a nivel comunitario y nacional (Fernández-Martínez, 2022).

La complejidad de la desnutrición radica en la interacción entre estos diferentes niveles de determinantes. Los factores inmediatos, como las enfermedades y la mala alimentación, son a menudo síntomas de problemas subyacentes y básicos más profundos. Por ejemplo, la inseguridad alimentaria no solo es el resultado de la pobreza, sino también de políticas inadecuadas que no garantizan la distribución equitativa de recursos. Del mismo modo, la falta de acceso a servicios de salud y educación puede ser el resultado de decisiones políticas y económicas que no priorizan el bienestar de la población más vulnerable.

Para abordar de manera efectiva la desnutrición, es crucial implementar un enfoque integral que no solo trate los síntomas inmediatos, sino que también aborde las causas subyacentes y básicas. Esto incluye mejorar la seguridad alimentaria, promover prácticas adecuadas de cuidado y alimentación, garantizar el acceso a servicios de salud de calidad y fomentar políticas que reduzcan las desigualdades sociales y económicas. Solo a través de un enfoque multifacético y sostenido se puede reducir la prevalencia de la desnutrición y mejorar la salud y el bienestar de las poblaciones afectadas.

Estadísticas globales y regionales

La desnutrición infantil es reconocida como un problema global y generalizado que surge debido a la deficiencia de nutrientes esenciales en la dieta de los niños. Esta condición no solo afecta el bienestar inmediato del infante, sino que también tiene consecuencias a largo plazo, entre las que se incluyen un retraso significativo en el desarrollo físico y cognitivo, y en los casos más graves, la aparición de enfermedades severas y debilitantes.

El impacto de la desnutrición en los primeros años de vida es especialmente preocupante, ya que esta etapa es crucial para el crecimiento y el desarrollo cerebral. Los niños que no reciben una nutrición adecuada pueden experimentar un crecimiento lento, problemas en el desarrollo del sistema inmunológico y una mayor susceptibilidad a infecciones y enfermedades crónicas. A largo plazo, estos efectos pueden perpetuar un ciclo de pobreza y mala salud, afectando no solo a los individuos, sino también al desarrollo socioeconómico de comunidades enteras.

Además, la desnutrición infantil está estrechamente vinculada con un rendimiento académico deficiente, lo que puede limitar las oportunidades educativas y laborales en la vida adulta, perpetuando así la desigualdad y la exclusión social. En los casos más extremos, la desnutrición puede llevar a condiciones médicas catastróficas como el Kwashiorkor o el marasmo, que, si no se tratan adecuadamente, pueden ser mortales.

Por lo tanto, abordar la desnutrición infantil requiere un enfoque multifacético que incluya la mejora del acceso a alimentos nutritivos, la promoción de la lactancia materna, la educación sobre prácticas alimentarias saludables, y la implementación de políticas públicas que aborden las desigualdades socioeconómicas subyacentes. Solo a través de un esfuerzo concertado y sostenido se podrá reducir de manera significativa la prevalencia de la desnutrición infantil y mitigar sus devastadoras consecuencias a largo plazo (Ramos-Padilla, 2020).

Según la Organización Mundial de la Salud (OMS), en 2018, aproximadamente un tercio de todas las muertes infantiles fueron atribuidas a la desnutrición. Esta condición sigue siendo una de las principales causas de mala salud y mortalidad prematura en niños menores de cinco años, especialmente en los países en desarrollo (Salud O. M., 2021).

La desnutrición es un problema complejo y multifactorial que no solo retrasa el crecimiento físico de los niños, sino que también afecta negativamente su desarrollo cognitivo y emocional. Diversos factores sociales, culturales y económicos contribuyen a la alta prevalencia de la desnutrición infantil, y estas causas se observan con mayor frecuencia en comunidades rurales. En estas áreas, la pobreza, la falta de acceso a alimentos nutritivos, las prácticas alimentarias inadecuadas y la carencia de servicios de salud básicos crean un entorno en el que los niños son particularmente vulnerables a la desnutrición.

El impacto de la desnutrición en el desarrollo infantil tiene consecuencias a largo plazo, afectando no solo la salud individual, sino también el progreso económico y social de las comunidades afectadas. Por lo tanto, abordar esta problemática requiere intervenciones integrales que consideren no solo la provisión de alimentos, sino también la educación, la mejora de las condiciones de vida, y la implementación de políticas que aborden las desigualdades estructurales que perpetúan la desnutrición en las regiones más vulnerables (UNICEF, 2021).

La desnutrición crónica infantil afecta al 27,2% de los niños menores de 2 años en Ecuador, situando al país como el segundo con mayor tasa de desnutrición en América Latina, solo por detrás de Guatemala. Esta situación tiene profundas repercusiones en la productividad nacional y un impacto duradero en la vida de las personas. Según (Quirindumbay Uchupailla, 2016) la falta de una alimentación adecuada en los niños menores de 5 años afecta de manera drástica su crecimiento físico, afectivo e intelectual. Los niños que sufren de desnutrición generalmente no alcanzan el peso y la estatura correspondientes a su edad, lo que se traduce en un crecimiento físico insuficiente y un peso corporal muy bajo.

La desnutrición es un problema grave a nivel global debido a su amplia magnitud y su impacto en la morbilidad y mortalidad infantil, especialmente en contextos con condiciones socioeconómicas desfavorables que deterioran la calidad de vida de la población en general (Cuevas-Nasu, y otros, 2019).

Esta deficiencia nutricional puede originarse desde el período prenatal, afectando a los niños desde la gestación hasta los tres primeros años de vida, lo que lleva a la desnutrición primaria y crónica. Estas condiciones influyen de manera significativa en la capacidad física, intelectual, emocional y social de los niños, ya que el deterioro nutricional reduce su capacidad de aprendizaje durante la etapa escolar y limita sus oportunidades de acceder a niveles educativos superiores (Jiménez Benítez D., 2010).

Sin embargo, la desnutrición infantil no se debe considerar únicamente como un problema de falta de alimentos, sino como una cuestión social más profunda, que requiere una consideración integral al momento de buscar soluciones para los más afectados (Rivadeneira, 2020).

Además, se puede distingue entre la desnutrición primaria y secundaria; la desnutrición primaria surge cuando hay una carencia de nutrientes en el niño debido a diversos factores establecidos, mientras que la desnutrición secundaria está asociada a enfermedades preexistentes en el niño, que no dependen de factores sociales o culturales. Estas enfermedades pueden incluir patologías genéticas, inmunológicas, y otras que causan deformaciones en órganos como el corazón, el cerebro, el hígado y los riñones. La desnutrición secundaria puede identificarse a través de una valoración médica, ya que presenta signos y síntomas como diarrea, pérdida de peso, deshidratación e infecciones (Cueva Moncayo & Pérez Padilla, 2021).

Es fundamental promover y apoyar la lactancia materna como una estrategia clave para garantizar un desarrollo adecuado del niño y prevenir tanto la desnutrición infantil como diversas enfermedades infecciosas. La lactancia materna exclusiva (LME), que implica alimentar al bebé únicamente con leche materna, sin incluir sólidos ni otros líquidos, ha demostrado ser altamente efectiva en la reducción de riesgos de enfermedades.

Estudios han mostrado que la lactancia materna disminuye la incidencia de infecciones, particularmente las gastrointestinales, con una reducción del 64% en su aparición. Además, el efecto protector de la leche materna no solo se observa durante la lactancia, sino que persiste hasta dos meses después de haberla interrumpido, proporcionando una barrera adicional contra infecciones y otros problemas de salud. Por tanto, la promoción de la lactancia materna es esencial no solo para el bienestar físico del niño, sino también para mejorar sus defensas inmunológicas a lo largo del tiempo (Brahm & Valdés, 2017).

Causas de la Desnutrición Infantil

Los factores contextuales que inciden en las desigualdades en salud son múltiples y abarcan distintos niveles de influencia, desde las decisiones gubernamentales hasta aspectos sociales y culturales. Entre los más importantes se destacan los gobiernos, las políticas macroeconómicas, y las políticas sociales y de salud, que tienen un papel fundamental en la distribución de los recursos sanitarios. Además, factores como la cultura, los valores y las normas sociales también contribuyen a moldear las desigualdades en el acceso a la salud. En particular, el estado de bienestar y las políticas redistributivas emergen como dos de los elementos más influyentes para asegurar una mejor salud pública; la Organización Mundial de la Salud (OMS) también resalta la relevancia de la jerarquía social, que define las relaciones de clase y la estructura social en las comunidades (Salud O. M., 2024) .

Según (Alvarez Ortega, 2019) uno de los determinantes clave de las desigualdades en salud es la posición socioeconómica, la cual se encuentra vinculada a factores como los ingresos, el acceso a recursos, y el empleo. Estos determinantes estructurales, como el género, la etnia o la raza, afectan directamente la salud, creando una estratificación social que genera disparidades en las condiciones de vida y trabajo. Esta estratificación refuerza las desigualdades sociales a través de factores como la educación, la ocupación y otros condicionantes estructurales.

Por otro lado, (Brahm & Valdés, 2017) señala que las causas directas del retraso en el crecimiento infantil incluyen prácticas inadecuadas de lactancia materna, alimentación complementaria insuficiente y la incidencia de enfermedades infecciosas. La ingesta deficiente de energía y nutrientes resulta de prácticas de alimentación inapropiadas y de dietas de baja calidad, especialmente en poblaciones en situación de extrema pobreza, donde la inseguridad alimentaria en los hogares es común.

La desnutrición infantil es causada por una alimentación deficiente en cantidad y calidad tanto en las madres como en los niños, así como por la falta de acceso a agua potable y las condiciones insalubres, que generan enfermedades infecciosas como la diarrea. Para combatir este problema, es crucial implementar políticas alimentarias eficaces enfocadas en los sectores más vulnerables. De no hacerlo, los niños afectados sufrirán retrasos en su crecimiento físico e intelectual, lo que los llevará a convertirse en adultos con limitaciones productivas y propensos a desarrollar enfermedades crónicas, cardiovasculares y metabólicas.

Según el autor (Santafé Sánchez, Sánchez Rodríguez, A.L., & C.H., 2012) la mala ingesta de alimentos, en la que el cuerpo humano gasta más energía que la comida que consume. Hay enfermedades médicas que tienen la posibilidad de desencadenar una mala absorción o problemas en la ingesta de alimentos ocasionando de esta forma la desnutrición. Oh situaciones sociales, del medio ambiente o económicas tienen la posibilidad de arrastrar a los individuos a una desnutrición. Estas razones tienen la posibilidad de ser:

Patologías médicas: Anorexia nerviosa, Bulimia, Celiaquía, Coma, Depresión, Diabetes mellitus, Enfermedad gastrointestinal, Vómitos constantes.

Complicaciones

Corazón: el corazón pierde masa muscular, así como otros músculos corporales. En el estado más avanzado existe una insuficiencia cardíaca y siguiente muerte.

Sistema inmune: se torna ineficiente. El cuerpo no puede elaborar células de custodia. Después, es común las infecciones del intestino, respiratorias, y otros acontecimientos. La duración de las patologías es más grande y el pronóstico constantemente peor que en individuos típicos. La cicatrización se lentifica.

Sangre: es viable que ocurra un cuadro de anemia ferropénica relacionada a la desnutrición.

Tracto intestinal: existe una menor secreción de HCL por el estómago, tornando aquel ambiente más conveniente para la proliferación de bacterias. El intestino reduce su ritmo de peristáltico y su absorción de nutrientes es bastante limitada (Senna Rodrigues, Campos Pellanda, & Andreatta Gottschall, 2012).

Factores socioeconómicos

Según (Álvarez Ortega, 2019), el bajo ingreso económico familiar acompaña casi siempre a la desnutrición, esto lleva a la baja disponibilidad y acceso a los alimentos, falta de medios para producirlos o comprarlos, malas condiciones sanitarias, mal cuidado de los infantes, falta de acceso a la educación, malas prácticas alimenticias, caprichos alimenticios y factores emocionales.

• Factores socioculturales

El rol de la familia es crucial en el cuidado y apoyo de la alimentación infantil, tal como lo señala (Alvarez Ortega, Desnutrición infantil, una mirada desde diversos factores, 2019). Diversos estudios demuestran que tanto el padre, la madre, como otros miembros cercanos de la familia, como la suegra, desempeñan una función significativa en el desarrollo saludable del niño. Este apoyo no solo se limita a brindar alimentos, sino también a garantizar un ambiente de cuidado adecuado, que incluye el tiempo dedicado al niño y las condiciones socioculturales en las que crece.

El involucramiento familiar en las decisiones sobre la alimentación y el bienestar del niño contribuye significativamente a la prevención de la desnutrición infantil. Un ambiente familiar que promueve hábitos alimenticios saludables, además de un entorno afectivo y protector, puede contrarrestar factores externos que influyen negativamente en la salud de los niños, como la pobreza o la falta de acceso a servicios básicos de salud. Por ello, se resalta que el apoyo integral de la familia, en especial en los primeros años de vida, es determinante para garantizar el crecimiento y desarrollo adecuado del niño, disminuyendo considerablemente los riesgos de desnutrición y otras carencias nutricionales.

- **Factores biológicos**

Los factores biológicos se refieren a aquellos elementos inherentes a la susceptibilidad individual para desarrollar desnutrición. Estos factores influyen en la capacidad del cuerpo para aprovechar adecuadamente los nutrientes, más allá de la cantidad o calidad de los alimentos consumidos. En otras palabras, aunque una persona ingiera suficiente comida o esta sea de buena calidad, la presencia de deficiencias biológicas puede interferir en la correcta absorción y utilización de los nutrientes, limitando el aprovechamiento de estos y aumentando el riesgo de malnutrición. Estas limitaciones pueden estar relacionadas con aspectos como el metabolismo, problemas enzimáticos, o deficiencias en vitaminas y minerales clave, lo que resalta la importancia de considerar tanto la cantidad como la eficiencia con la que el organismo procesa los alimentos (Álvarez Ortega, Desnutrición infantil, una mirada desde diversos factores, 2019).

- **Factores medioambientales**

De acuerdo con lo señalado por (Martínez & Andrés, 2007), los factores medioambientales determinan el entorno en el que se desarrolla el niño y su familia. Estos factores incluyen tanto los riesgos naturales inherentes al ambiente, como desastres naturales (inundaciones, terremotos, huracanes, etc.), como aquellos generados por la actividad humana, también conocidos como factores antrópicos, que abarcan problemas como la contaminación del agua, el aire y los alimentos. Estos factores ambientales tienen una relación directa con la desnutrición infantil, ya que la calidad de la producción de alimentos y la aparición de epidemias están profundamente influidas por el estado del medio ambiente. La vulnerabilidad de los niños menores de cinco años es especialmente crítica, ya que su sistema inmunológico en desarrollo no es lo suficientemente fuerte para resistir las enfermedades que proliferan en condiciones medioambientales adversas.

Además, el impacto de los factores ambientales no solo afecta la disponibilidad de alimentos saludables, sino que también incrementa el riesgo de enfermedades infecciosas y parasitarias, que agravan aún más la situación de desnutrición. Las áreas rurales y empobrecidas, donde los servicios básicos son limitados o inexistentes, tienden a ser las más afectadas, exacerbando las desigualdades en salud y desarrollo infantil.

- **Factores ambientales de la vivienda**
  (Chimborazo Bermeo & Aguaiza Pichazaca, 2023) señala que las condiciones ambientales de la vivienda también juegan un papel crucial en el bienestar infantil, representando una barrera significativa para el desarrollo saludable de los niños. La falta de acceso a servicios esenciales como agua potable, sistemas de drenaje, recolección adecuada de basura, saneamiento básico y electricidad contribuyen a la contaminación del entorno doméstico, lo que afecta directamente a la salud de los infantes. La ausencia de estos recursos, especialmente en zonas rurales y comunidades indígenas, donde las infraestructuras son limitadas, genera un ambiente propenso a

la proliferación de enfermedades infecciosas y al deterioro general de la calidad de vida.

En estas zonas, la falta de agua potable y de servicios de saneamiento adecuados facilita la propagación de enfermedades gastrointestinales, que a su vez impactan de manera significativa en el crecimiento y desarrollo de los niños, perpetuando el ciclo de pobreza y exclusión social. La carencia de electricidad y de otros servicios esenciales también limita las oportunidades educativas y de mejora de las condiciones de vida, afectando no solo la salud física, sino también el desarrollo cognitivo y emocional de los infantes.

- **Factores de riesgo en la comunidad**

La desnutrición, además de estar relacionada con factores fisiológicos, también está influida por una serie de factores sociales, políticos, económicos, culturales y ambientales que interactúan entre sí. Desde hace tiempo, se reconoce que la pobreza es una de las principales causas subyacentes de la desnutrición. Según (Chimborazo Bermeo & Aguaiza Pichazaca, 2023), la pobreza genera una baja disponibilidad de alimentos y un acceso desigual a estos dentro de la familia, lo que se combina con problemas como el hacinamiento, la falta de servicios de saneamiento y un cuidado infantil inadecuado. Estas condiciones crean un ambiente propenso al desarrollo de la desnutrición, especialmente en los niños más pequeños, cuyo bienestar depende en gran medida de la calidad del entorno familiar y comunitario.

De acuerdo con (Naranjo Castillo A. E., 2020), estos factores en conjunto contribuyen directamente a la aparición de la desnutrición energético-proteica. La falta de educación alimentaria y la baja escolaridad de los padres, vinculadas a la pobreza, generan prácticas alimenticias incorrectas en los primeros años de vida del niño. La introducción tardía de alimentos, en condiciones poco higiénicas, en cantidades insuficientes y con escasa variedad nutricional, a menudo está guiada por creencias erróneas o desconocimiento sobre la alimentación adecuada. Como resultado, el niño no recibe la cantidad necesaria de energía, proteínas, vitaminas y minerales para crecer de manera saludable, lo que agota sus reservas nutricionales y aumenta su susceptibilidad a infecciones. Esto no solo impacta su crecimiento físico, sino también su desarrollo cognitivo y emocional, agravando la prevalencia de la desnutrición energético-proteica.

El problema de la desnutrición no se limita a los primeros años de vida, sino que a menudo se origina desde el embarazo. Cuando la madre no mantiene una nutrición adecuada antes o durante el embarazo, o padece enfermedades, aumenta la probabilidad de dar a luz a un bebé con bajo peso, lo que incrementa el riesgo de retraso en el desarrollo y desnutrición en los primeros meses de vida. Según (Alvarez Ortega, Desnutrición infantil, una mirada desde diversos factores, 2019), otro factor que agrava esta situación es que muchas madres, especialmente en contextos de pobreza, se ven obligadas a dedicar gran parte de su tiempo a garantizar la seguridad alimentaria de la familia, lo que reduce el tiempo y la atención que pueden brindar a sus hijos, afectando su alimentación y cuidado.

Además de estos factores individuales y familiares, los problemas estructurales en los sistemas políticos y económicos también juegan un papel clave. El paternalismo y la falta de conciencia comunitaria limitan la distribución justa de los ingresos, lo que perpetúa la desigualdad en el acceso a los recursos esenciales. La ineficiencia en los sistemas de salud, que a menudo carecen de los equipos, recursos y personal necesarios, también contribuye a la desnutrición, ya que impide una atención adecuada y oportuna a los niños en riesgo. Estos defectos sistémicos generan una barrera adicional en la lucha contra la desnutrición, al limitar el acceso a los servicios de salud esenciales que podrían prevenir y tratar las deficiencias nutricionales en las comunidades más vulnerables.

- **Fisiopatología de la desnutrición infantil**
  La nutrición está estrechamente relacionada con el proceso biológico del crecimiento, el cual puede expresarse mediante un aumento (balance positivo), mantenimiento (balance neutro) o disminución (balance negativo) de la masa y el volumen del organismo, según lo expone. Estos cambios no solo afectan el tamaño corporal, sino también la adaptación a las demandas de forma, función y composición del cuerpo en desarrollo. El crecimiento adecuado depende de un equilibrio entre la síntesis y la degradación de tejidos corporales. Sin embargo, cuando la velocidad de síntesis es inferior a la de

destrucción, se produce una pérdida progresiva de masa corporal. Este balance negativo, que puede tener múltiples causas, no puede sostenerse durante períodos prolongados sin provocar graves disfunciones orgánicas que ponen en riesgo la vida misma.

La desnutrición, como estado de déficit nutricional crónico, interfiere con las funciones celulares de manera gradual y sistemática. Inicialmente, se ven comprometidos los depósitos de nutrientes del cuerpo, lo que afecta a procesos vitales como la reproducción y el crecimiento. A medida que la desnutrición avanza, se deteriora la capacidad del organismo para responder al estrés, alterar su metabolismo energético y regular mecanismos de comunicación intra e intercelular. Estas alteraciones también afectan la producción de energía y la generación de calor corporal, lo que sitúa al organismo en un estado catabólico extremo. Si no se interviene oportunamente, este catabolismo progresivo lleva inevitablemente a la degradación y eventual destrucción del individuo.

La fisiopatología de la desnutrición puede involucrar cuatro mecanismos principales que contribuyen al deterioro del organismo:

a. Falta de aporte energético: La ingesta insuficiente de calorías y nutrientes esenciales impide que el cuerpo reciba la energía necesaria para sus funciones básicas, lo que lleva a una reducción en el crecimiento y en el mantenimiento de los tejidos.

b. Alteraciones en la absorción: Incluso cuando se ingieren alimentos, si hay trastornos en la capacidad del intestino para absorber nutrientes (como en casos de diarrea crónica o enfermedades intestinales), el cuerpo no recibe los recursos necesarios para sostener sus funciones.

c. Catabolismo exagerado: El catabolismo es el proceso de descomposición de las moléculas complejas en componentes más simples para liberar energía. Sin embargo, cuando este proceso es excesivo, como ocurre en situaciones de estrés o enfermedad, el organismo destruye su propia masa muscular y tejido adiposo para obtener energía, lo que agrava la pérdida de masa corporal.

d. Exceso en la excreción: Cuando el cuerpo pierde una cantidad excesiva de nutrientes a través de la excreción, como en el caso de enfermedades renales o gastrointestinales, se genera un desequilibrio que impide mantener un estado nutricional adecuado.

A medida que estos mecanismos fallan, el cuerpo sufre una serie de efectos en cascada que impactan todos los sistemas, desde la inmunidad hasta el sistema nervioso central, poniendo en grave peligro la vida del niño. La desnutrición infantil no solo afecta el crecimiento físico, sino que también compromete el desarrollo cognitivo y emocional, perpetuando un ciclo de pobreza y vulnerabilidad que es difícil de romper sin intervenciones tempranas y adecuadas.

- **Signos universales**

Existen ciertos signos clínicos que están presentes en todos los pacientes que padecen desnutrición, siendo tres los principales que se observan en la mayoría de los casos:

a. Dilución bioquímica: Este fenómeno es especialmente común en los casos de desnutrición energético-proteica, donde la hipoproteinemia sérica es un rasgo característico, aunque también puede presentarse en otros cuadros clínicos relacionados con la desnutrición (Santafé Sánchez, Sánchez Rodríguez, A.L., & C.H., 2012). La hipoproteinemia se manifiesta con una disminución de la osmolaridad sérica, lo que genera desequilibrios electrolíticos como hiponatremia (bajo nivel de sodio en sangre), hipocalemia (bajo nivel de potasio) e hipomagnesemia (bajo nivel de magnesio). Estos desequilibrios comprometen el funcionamiento de los sistemas corporales, afectando procesos vitales como el transporte de nutrientes y la regulación hídrica, lo que agrava el estado general del paciente.

b. Hipofunción: En condiciones de desnutrición, la mayoría de los sistemas del cuerpo muestran un funcionamiento deficiente. Esto significa que, debido a la falta de nutrientes esenciales, los órganos no pueden llevar a cabo sus funciones con normalidad. Este déficit funcional afecta sistemas clave como el cardiovascular, el inmunológico y el digestivo, reduciendo la capacidad del organismo para enfrentarse a infecciones, regular la temperatura corporal y metabolizar los alimentos. La hipofunción también se asocia con una reducción de la actividad física y mental, lo que impacta el desarrollo cognitivo y motor, especialmente en los niños.

c. Hipotrofia: La disminución en la ingesta calórica provoca un agotamiento progresivo de las reservas energéticas del cuerpo. Inicialmente, el organismo utiliza sus depósitos de glucógeno y grasa para compensar la falta de nutrientes, pero con el tiempo, la masa muscular también se ve afectada, lo que da lugar a una pérdida significativa de peso y estatura. Este desgaste no solo se manifiesta en la apariencia física, como en la reducción del panículo adiposo (tejido graso subcutáneo) y la masa muscular, sino que también compromete el proceso de osificación, ralentizando el crecimiento óseo (UNICEF, 2021). En los niños, este signo es particularmente preocupante, ya que afecta su talla y peso en relación con los estándares de crecimiento normal, lo que puede tener consecuencias permanentes en su desarrollo si no se trata a tiempo.

La presencia de estos signos universales refleja la gravedad del estado nutricional del paciente y evidencia las múltiples formas en que la desnutrición impacta el organismo. Cada uno de estos signos pone de manifiesto un aspecto crítico de la fisiopatología de la desnutrición, mostrando cómo la falta de nutrientes no solo afecta el crecimiento físico, sino también la capacidad funcional y metabólica del cuerpo. Sin una intervención adecuada y oportuna, estos signos pueden progresar hacia complicaciones graves que comprometen la vida del individuo.

Desarrollo Psicomotor en la Primera Infancia

El desarrollo psicomotor durante la primera infancia es un proceso esencial que abarca los primeros años de vida de un niño, un período en el que se establecen las bases para su crecimiento físico, cognitivo, emocional y social. Este lapso, que abarca desde el nacimiento hasta los seis años, es especialmente crítico porque el cerebro y el sistema nervioso se encuentran en su máxima fase de plasticidad. Esto significa que los estímulos y experiencias recibidos en esta etapa tendrán un impacto profundo y duradero en el desarrollo futuro del niño. Sin embargo, la desnutrición puede alterar significativamente este proceso, impidiendo el desarrollo adecuado y causando retrasos que afectan todas las áreas de crecimiento.

1. Importancia del desarrollo psicomotor y su relación con la nutrición.

El desarrollo psicomotor es fundamental para que los niños adquieran las habilidades necesarias para interactuar de manera efectiva con su entorno. Durante los primeros años de vida, los niños progresan a través de una serie de etapas en las que desarrollan habilidades motoras gruesas y finas, tales como gatear, caminar y manipular objetos. Estas habilidades no solo son esenciales para la autonomía física, sino que también están profundamente conectadas con el desarrollo cognitivo y emocional. Sin embargo, cuando el niño sufre de desnutrición, estas etapas pueden verse comprometidas, lo que genera retrasos en la adquisición de habilidades motoras, cognitivas y sociales.

La nutrición adecuada es esencial para el funcionamiento óptimo del cerebro. Durante los primeros años de vida, el cerebro infantil se desarrolla rápidamente, creando conexiones neuronales que son fundamentales para el aprendizaje. La falta de nutrientes clave como proteínas, ácidos grasos esenciales y micronutrientes (hierro, zinc, yodo) puede alterar este proceso, lo que resulta en un desarrollo psicomotor deficiente. Por ejemplo, un niño desnutrido que no recibe una cantidad adecuada de alimentos no solo presentará dificultades para manipular objetos o realizar tareas motoras, sino que también experimentará problemas de atención, memoria y procesamiento cognitivo, lo que afectará su capacidad para aprender y resolver problemas.

2. Componentes del desarrollo psicomotor y efectos de la desnutrición

El desarrollo psicomotor en la primera infancia abarca varios componentes importantes, todos los cuales pueden verse afectados por la desnutrición:

a. Desarrollo motor: El desarrollo motor implica la adquisición de habilidades motoras gruesas y finas. Los niños que padecen desnutrición suelen presentar debilidad

muscular y falta de energía, lo que les impide progresar en
hitos fundamentales como gatear, caminar o correr. La
carencia de nutrientes esenciales afecta el crecimiento óseo
y muscular, lo que también retrasa habilidades más finas
como coger objetos, dibujar o realizar tareas que requieren
coordinación motora.

b. Desarrollo cognitivo: El desarrollo cognitivo incluye la
capacidad de los niños para pensar, aprender y resolver
problemas. En los casos de desnutrición, el cerebro no
recibe los nutrientes necesarios para desarrollar conexiones
neuronales de manera eficiente. Esto puede resultar en
dificultades de concentración, problemas de memoria y una
menor capacidad para comprender conceptos básicos como
el espacio y el tiempo. Estos déficits cognitivos pueden
tener un impacto duradero en el rendimiento académico y
el desarrollo intelectual.

c. Desarrollo emocional y social: Los niños desnutridos
suelen experimentar dificultades en la regulación
emocional y en sus habilidades sociales. La desnutrición
crónica puede generar irritabilidad, fatiga y una menor
capacidad para interactuar con sus pares de manera
efectiva. Además, la falta de un entorno nutricional
adecuado durante la primera infancia puede limitar su
capacidad para formar vínculos emocionales seguros con
sus cuidadores, lo que afecta su bienestar emocional y
social a largo plazo.

d. Desarrollo del lenguaje: La desnutrición también tiene un
impacto directo en el desarrollo del lenguaje. Los niños que
no reciben una nutrición adecuada durante los primeros

años de vida pueden experimentar retrasos en la adquisición del lenguaje y en la capacidad para formar oraciones complejas o expresar ideas. La falta de proteínas y micronutrientes clave afecta el desarrollo cerebral, lo que a su vez impacta las habilidades de comunicación.

3. Consecuencias de la desnutrición en el bienestar general del niño

La desnutrición en la primera infancia no solo afecta el desarrollo psicomotor, sino que también tiene repercusiones a largo plazo en la salud física y mental del niño. Los niños desnutridos tienden a tener un sistema inmunológico debilitado, lo que los hace más susceptibles a enfermedades infecciosas, y presentan una menor capacidad para afrontar el estrés emocional y social. A nivel cognitivo, la falta de nutrientes esenciales durante los primeros años puede afectar permanentemente el rendimiento académico, limitando las oportunidades de aprendizaje y éxito escolar.

A nivel físico, la desnutrición compromete el crecimiento, lo que puede derivar en problemas de estatura baja o retraso en el desarrollo. Además, los niños que no alcanzan un desarrollo motor adecuado debido a la desnutrición tienen mayores dificultades para realizar tareas cotidianas como escribir o jugar, lo que impacta su autoestima y su capacidad de integración social. El apoyo nutricional temprano es, por lo tanto, crucial para garantizar que los niños construyan una base sólida que les permita desarrollarse de manera integral y enfrentar los desafíos de la vida.

Por lo tanto, el desarrollo psicomotor de la primera infancia es un proceso esencial que afecta todos los aspectos del bienestar y crecimiento de los niños. Sin embargo, la desnutrición compromete seriamente este desarrollo, afectando las áreas motora, cognitiva, emocional y del lenguaje. Para garantizar que los niños alcancen su máximo potencial, es fundamental que los cuidadores, educadores y autoridades de salud proporcionen no solo un entorno estimulante y afectivo, sino también un acceso adecuado a una nutrición de calidad. Solo de esta manera se puede asegurar un desarrollo psicomotor óptimo y un futuro saludable para los niños.

Efectos de la Desnutrición en el Desarrollo Psicomotor

La desnutrición tiene un impacto profundo en el desarrollo psicomotor infantil, ya que compromete el desarrollo de habilidades motoras, cognitivas, sociales y emocionales. El proceso de crecimiento humano requiere una nutrición adecuada para que los niños puedan alcanzar los hitos del desarrollo psicomotor. A continuación, se explican algunos de los efectos más destacados:

a. Habilidades motoras y coordinación

- Reducción en la capacidad de manipulación: Los niños que sufren de desnutrición a menudo presentan debilidad muscular y fatiga, lo que afecta su habilidad para realizar tareas básicas que implican la manipulación de objetos, tales como coger herramientas, dibujar o jugar con juguetes. Esto disminuye la coordinación mano-ojo y la destreza manual, elementos clave en el desarrollo psicomotor. La falta de energía afecta la capacidad de los niños para controlar movimientos finos y gruesos, retrasando su progreso en actividades fundamentales como caminar, correr o usar utensilios.

- Menor respuesta a estímulos: La desnutrición también compromete el sistema nervioso central, lo que se traduce en una respuesta motora más lenta. Esto impide que los niños reaccionen rápidamente a los estímulos del entorno, afectando tanto su capacidad de autodefensa como su interacción con el entorno físico. Por ejemplo, un niño desnutrido puede tardar más en aprender a correr o saltar, lo que perjudica su capacidad para explorar el mundo a su alrededor.

b. Crecimiento cognitivo y pensamiento   abstracto.

- Deterioro del pensamiento abstracto: El desarrollo cognitivo también está profundamente afectado por la desnutrición. Para que un niño desarrolle habilidades de resolución de problemas y planificación, se requiere una nutrición adecuada que permita la creación y fortalecimiento de las conexiones neuronales. Los niños desnutridos suelen tener dificultades en tareas que implican pensamiento abstracto, como anticipar el resultado de una acción o coordinar movimientos complejos. Esta carencia cognitiva limita su capacidad de aprender de manera efectiva y afecta negativamente su desarrollo psicomotor.

- Retrasos en el aprendizaje social: El aprendizaje social, que incluye la observación e imitación de las acciones de otros, es clave en el desarrollo psicomotor. Sin embargo, los niños desnutridos, debido a su falta de energía y retrasos en el desarrollo cognitivo, a menudo tienen dificultades para seguir y replicar las acciones de sus compañeros y adultos. Esto afecta la adquisición de habilidades motoras finas y gruesas, que son fundamentales para el desarrollo físico y social del niño.

c. Adaptación al entorno y supervivencia

- Alteraciones en el desarrollo debido a la falta de nutrientes: La desnutrición afecta directamente la supervivencia y el desarrollo de habilidades necesarias para la vida diaria. Los niños que no reciben una nutrición adecuada tienen menos energía para aprender a moverse, manipular objetos y explorar el entorno. Esto compromete su capacidad de adaptarse a diferentes situaciones, afectando su capacidad de alimentarse adecuadamente y de desarrollar otras habilidades psicomotoras necesarias para la supervivencia.

- Cambios en los patrones de actividad: Los niños desnutridos tienden a ser menos activos debido a su fatiga crónica y falta de energía. Esto impacta su capacidad para mantener patrones de actividad física regulares, lo que puede limitar su capacidad para desarrollar destrezas motoras avanzadas. A largo plazo, esto puede alterar su desarrollo psicomotor, afectando su capacidad para participar en actividades tanto físicas como mentales.

d. Desarrollo social y comunitario

- Dificultades en la interacción y comunicación: La desnutrición puede afectar el desarrollo del lenguaje y las habilidades sociales, lo que limita la capacidad de los niños para interactuar con sus compañeros y cuidadores. La falta de una nutrición adecuada retrasa la adquisición del lenguaje y la capacidad de expresión corporal, componentes esenciales para una comunicación efectiva. Los niños desnutridos tienden a mostrar menos interés en la interacción social, lo que les impide aprender a través de la observación y el juego, actividades críticas para su desarrollo psicomotor y social.

- Inhibición en el juego y la socialización: El juego, una herramienta esencial para el desarrollo psicomotor, se ve restringido en los niños desnutridos debido a la falta de energía. Al no participar activamente en el juego, los niños pierden oportunidades para desarrollar habilidades sociales y motoras cruciales. Las actividades que involucran la expresión corporal, el uso de gestos y la coordinación en grupo se ven limitadas, lo que dificulta su adaptación social y su participación en el entorno comunitario.

e.   Cultura y tradiciones

- Limitaciones en la participación en actividades culturales y simbólicas: En muchas culturas, las actividades simbólicas y rituales, como las danzas o ceremonias tradicionales, implican movimientos coordinados y rítmicos que fomentan el desarrollo psicomotor. Sin embargo, los niños desnutridos suelen estar demasiado débiles para participar en estas actividades, lo que afecta su integración cultural y la adquisición de habilidades psicomotoras relacionadas con la expresión rítmica y la coordinación en grupo.

- Impacto en el sentido de pertenencia y desarrollo psicomotor en contextos culturales: La incapacidad para participar plenamente en los rituales y tradiciones afecta no solo el desarrollo psicomotor de los niños desnutridos, sino también su sentido de identidad y pertenencia cultural. La práctica de movimientos simbólicos y la coordinación en el contexto de actividades tradicionales fomenta tanto el desarrollo físico como el emocional, algo que queda limitado en los niños que sufren desnutrición crónica.

La desnutrición tiene un impacto devastador en el desarrollo psicomotor de los niños. Al afectar tanto las habilidades motoras como las cognitivas y sociales, limita su capacidad para interactuar con el entorno, aprender de manera efectiva y participar en actividades que son clave para su bienestar integral. Combatir la desnutrición no solo mejora la salud física de los niños, sino que también les permite alcanzar su pleno potencial en términos de desarrollo psicomotor, cognitivo y social, brindándoles así la oportunidad de integrarse mejor en su comunidad y cultura.

- **Intervenciones Nutricionales**

Según la Organización Mundial de la Salud (OMS), la desnutrición afecta a más de doscientos mil niños menores de cinco años en todo el mundo, quienes no disponen de alimentos suficientes para cubrir sus necesidades básicas. Este fenómeno es alarmante, pues la falta de nutrientes esenciales en una etapa tan crítica del desarrollo tiene consecuencias graves y a largo plazo en la salud física y cognitiva de los niños. Entre las múltiples alternativas para combatir la desnutrición, una de las más prometedoras es el uso de la soya como fuente primordial de proteínas (Salud O. M., 2021).

La soya es una leguminosa altamente eficiente en la producción de proteínas de buena calidad, y es una opción viable en un mundo donde la escasez de alimentos es un problema creciente. La combinación de proteínas de soya con proteínas provenientes de cereales ofrece una solución efectiva para aumentar tanto la cantidad como la calidad proteica en la dieta. Esto se debe a que las proteínas de ambos grupos alimenticios son complementarias. Los cereales suelen ser deficientes en lisina, un aminoácido esencial que está presente en la soya. Esta sinergia nutricional permite mejorar el valor biológico de las proteínas consumidas, lo que es clave para combatir la desnutrición. Además, la soya puede ser cultivada en grandes cantidades, lo que la convierte en un recurso sostenible y accesible para mitigar la desnutrición en diversas regiones del mundo (Alberto Javier García-Garroa, 2007).

- **Desnutrición Aguda Severa (DAS) y su relación con infecciones**

La desnutrición, en particular la Desnutrición Aguda Severa (DAS), generalmente se asocia con un aumento en la incidencia de diversas infecciones, como gastroenteritis, infecciones respiratorias agudas, VIH/SIDA y tuberculosis, entre otras. Estas infecciones no solo agravan la condición de los niños afectados, sino que también complican el manejo clínico de la desnutrición, ya que los pacientes pueden requerir tratamientos complejos que incluyan antibióticos de segunda línea, antirretrovirales o medicamentos específicos para la tuberculosis. Sin embargo, la farmacocinética de estos fármacos en niños desnutridos ha sido insuficientemente estudiada. En pacientes con DAS, el sistema fisiológico está comprometido, lo que altera la disposición, el metabolismo y la eficacia de los medicamentos, lo que a su vez afecta el tratamiento de las infecciones (Goyheneix, 2019).

Es crucial mejorar la investigación sobre el manejo de estos fármacos en poblaciones desnutridas, ya que la administración de medicamentos puede presentar riesgos adicionales en niños con sistemas inmunológicos y metabólicos debilitados. La correcta dosificación y selección de tratamientos farmacológicos es fundamental para evitar complicaciones y garantizar la efectividad del tratamiento.

- **Tratamientos nutricionales para la desnutrición**

Un enfoque integral en el tratamiento de la desnutrición debe centrarse en garantizar que los pacientes toleren adecuadamente los alimentos y nutrientes que reciben, además de asegurar la biodisponibilidad de estos. Un tratamiento nutricional efectivo debe preservar el equilibrio del microbioma intestinal y reducir los niveles de inflamación sistémica, ya que estos factores son clave para la recuperación de la salud en general.

Los alimentos para usos médicos especiales juegan un rol importante en el tratamiento de la desnutrición. Estos alimentos están específicamente formulados para satisfacer las necesidades dietéticas de pacientes que no pueden ingerir, digerir, absorber o metabolizar alimentos normales debido a su condición médica. Son esenciales para aquellos pacientes con capacidades limitadas para procesar alimentos convencionales, incluidos los lactantes que requieren supervisión médica para su manejo dietético (Moreno, Señarís, & Montserrat, 2020).

Estos productos especializados no solo mejoran el estado nutricional, sino que también ayudan a restablecer las funciones corporales normales al proporcionar nutrientes en formas más fáciles de absorber. Esto es especialmente importante en niños con desnutrición severa, quienes pueden tener problemas digestivos o metabólicos que dificultan la recuperación si se les proporcionan alimentos no adaptados a sus necesidades específicas.

- **Aumento de la sostenibilidad y accesibilidad en la intervención nutricional**

Además de los enfoques tradicionales en la intervención nutricional, es fundamental considerar la sostenibilidad y la accesibilidad de las soluciones propuestas. La producción masiva de cultivos como la soya, junto con iniciativas para mejorar la distribución de alimentos especializados en áreas vulnerables, ofrece una oportunidad para abordar el problema de la desnutrición de manera más eficiente y a largo plazo. La implementación de políticas agrícolas que promuevan el cultivo de alimentos ricos en proteínas, como la soya, puede marcar una diferencia significativa en la prevención de la desnutrición infantil en zonas rurales y empobrecidas.

Al mismo tiempo, es necesario mejorar la infraestructura de salud en estas regiones para asegurar que los niños desnutridos reciban no solo el tratamiento nutricional adecuado, sino también los cuidados médicos necesarios para manejar las infecciones asociadas a la desnutrición. Con una mejor coordinación entre políticas agrícolas, servicios de salud y programas de alimentación, se podría reducir considerablemente el impacto de la desnutrición infantil a nivel global.

- **Programas de alimentación y recuperación nutricional**

Los programas de alimentación y recuperación nutricional son intervenciones clave diseñadas para combatir la desnutrición, especialmente en poblaciones vulnerables como niños menores de cinco años, mujeres embarazadas, lactantes y comunidades de bajos recursos. Estos programas tienen como objetivo no solo proveer acceso a alimentos de calidad, sino también restaurar el estado nutricional de personas que ya sufren de desnutrición, promoviendo su recuperación integral y sostenida.

a. Objetivos de los Programas de Alimentación

El principal objetivo de los programas de alimentación es asegurar que los individuos reciban los nutrientes esenciales necesarios para su desarrollo y bienestar. En el caso de los niños, estos programas buscan prevenir y tratar la desnutrición aguda y crónica, que pueden tener efectos devastadores en su crecimiento físico, desarrollo cognitivo y salud en general. Los programas de alimentación también están diseñados para garantizar la seguridad alimentaria, asegurando que las familias vulnerables tengan acceso constante a alimentos nutritivos, incluso en tiempos de crisis como desastres naturales o situaciones de conflicto.

b. Componentes Clave de los Programas de Recuperación Nutricional

1. Distribución de Alimentos Fortificados: Los alimentos fortificados, como los cereales enriquecidos con vitaminas y

minerales, se utilizan frecuentemente en estos programas para garantizar que las personas reciban los micronutrientes esenciales que a menudo faltan en sus dietas. Esto es especialmente importante en zonas rurales y empobrecidas, donde el acceso a una dieta variada es limitado.

2. Suplementos Nutricionales Terapéuticos: En los casos de desnutrición aguda severa, los suplementos nutricionales terapéuticos son esenciales para la recuperación. Estos productos, como las pastas de maní enriquecidas y las fórmulas especiales, están diseñados para proporcionar una alta concentración de calorías y nutrientes de fácil absorción, lo que permite una rápida recuperación del estado nutricional de los pacientes más críticos.

3. Atención Médica Integral: Los programas de recuperación nutricional a menudo incluyen atención médica integral para tratar las complicaciones asociadas con la desnutrición, como infecciones gastrointestinales, deficiencias inmunológicas, anemia y enfermedades respiratorias. Este enfoque holístico es esencial, ya que la desnutrición debilita el sistema inmunológico, haciendo que los pacientes sean más susceptibles a infecciones y enfermedades.

4.Educación Nutricional: La educación nutricional es un componente clave para asegurar que las intervenciones sean sostenibles a largo plazo. Enseñar a las familias y comunidades sobre la importancia de una dieta balanceada, prácticas de higiene y métodos adecuados de alimentación infantil es crucial para prevenir la recurrencia de la desnutrición. Este componente también fomenta el empoderamiento de las comunidades para que puedan gestionar mejor sus recursos alimentarios.

Tipos de Programas de Alimentación

Existen diferentes tipos de programas de alimentación, adaptados a las necesidades específicas de las poblaciones a las que sirven. Algunos de los más comunes son:

1. Programas de alimentación escolar: Estos programas proporcionan comidas nutritivas a los niños en edad escolar, mejorando no solo su estado nutricional, sino también su rendimiento académico. Las comidas en la escuela pueden ser la principal fuente de alimento de calidad para muchos niños que viven en la pobreza.
2. Centros de recuperación nutricional: Estos centros están diseñados para tratar casos graves de desnutrición, proporcionando no solo alimentos, sino también atención médica y monitoreo constante para asegurar la recuperación adecuada de los niños y adultos afectados.
3. Programas de asistencia alimentaria en emergencias: Durante crisis como guerras, desastres naturales o pandemias, los programas de asistencia alimentaria proporcionan alimentos básicos a comunidades afectadas, previniendo así el hambre y la desnutrición masiva.

Importancia de la Sostenibilidad

Uno de los desafíos más grandes que enfrentan los programas de alimentación y recuperación nutricional es asegurar su sostenibilidad a largo plazo. Para que estas intervenciones sean efectivas, deben estar acompañadas de políticas que promuevan el acceso continuo a alimentos de calidad y fomenten la producción local de alimentos. La colaboración entre gobiernos, organizaciones no gubernamentales y la comunidad es fundamental para crear sistemas de distribución de alimentos eficientes y equitativos.

Además, es crucial invertir en la infraestructura de salud y en la educación para que las personas puedan aprender a gestionar su propia seguridad alimentaria. Los programas deben trabajar en la creación de capacidades locales, para que las comunidades puedan mantener una buena nutrición sin depender de la ayuda externa en el futuro.

Por lo tanto, los programas de alimentación y recuperación nutricional desempeñan un papel vital en la lucha contra la desnutrición a nivel mundial. Al proporcionar acceso a alimentos nutritivos, suplementos terapéuticos y atención médica, estos programas ayudan a restaurar la salud de las personas más vulnerables y a prevenir las consecuencias a largo plazo de la desnutrición. Para maximizar su impacto, es necesario que estos programas sean sostenibles y estén integrados en una estrategia más amplia que incluya la educación nutricional y el fortalecimiento de las comunidades. Solo a través de un enfoque integral se puede asegurar que todos los niños y adultos tengan la oportunidad de desarrollarse plenamente y vivir una vida saludable.

- **Perspectiva de la educación popular en la educación nutricional**

A través de la implementación de la educación de la salud, se podría erradicar la mala interpretación de la malnutrición, ya que, por medio de ella es posible desarrollar una relación adecuada con la comida y explicar las ingestas adecuadas para prevenir los potenciales problemas de salud. Sin embargo, son necesarias nuevas prácticas pedagógicas como la educación nutricional para el reconocimiento integral de la persona, y así entender sus experiencias previas, con el fin de facilitar la incorporación de herramientas útiles y alimentos saludables en su vida cotidiana (Ruiz Arciniega, 2021).

Al momento de entablar una charla de educación nutricional se debe tener en cuenta el brindar información acerca de los regímenes alimentarios adecuados, metodologías para llevar una buena nutrición y dietas saludables, así como la preparación de alimentos de manera saludable. Por medio de la información brindada en temas de nutrición, salud y derechos sociales, se estima que las personas creen conciencia acerca del problema de la malnutrición que se está creando y a su vez expandiéndose a nivel mundial, se espera que la ciudadanía promueva acciones de participación ciudadana, en la construcción de políticas públicas de nutrición y salud, para de esta manera implementar hábitos y estilos de vida saludables y así mejorar la calidad de vida de cada uno de ellos (Quevedo Bolívar, 2019).

- **Prevención y reducción de la desnutrición infantil**

Es por ello, que la prevención de la desnutrición infantil requiere de enfoques a corto y a largo plazo el mismo que es necesario mejorar los determinantes sociales y económicos de la desnutrición, que incluyen mejorar la educación materna, brindar oportunidades económicas para cultivar y adquirir alimentos para los niños, agua y saneamiento, acceso a servicios de salud de calidad y fortalecimiento de la mujer en la sociedad.

Mientras que, a corto plazo, la reducción de la desnutrición infantil requiere la protección, promoción y apoyo a la lactancia materna, brindar consejería y educación sobre la alimentación complementaria sobre todo en ausencia de seguridad alimentaria y la provisión de alimentos complementarios junto con consejería apropiada, reducir la frecuencia y duración de las infecciones y de la diarrea y la promoción de mayor ingesta de alimentos después de la enfermedad para la fase de "crecimiento rápido".

Para alcanzar una adecuada cobertura, las intervenciones antes descritas deben ser integradas a los programas de atención primaria orientados al cuidado de la embarazada, parto, recién nacido y cuidados al niño pequeño. La mejora de la nutrición del lactante y del niño pequeño debe ser una prioridad para todo el personal de salud y no debe estar limitada al dominio de nutricionistas.

El personal de salud debe tener el conocimiento y las habilidades técnicas para realizar una apropiada consejería a las madres sobre lactancia materna y alimentación complementaria; manejar los problemas de alimentación y nutrición y tratar las enfermedades que conducen a la desnutrición (Saca Molina, 2018).

Se debe considerar los siguientes aspectos:

• **Mejoramiento de la dieta:** promoción de la lactancia materna, alimentación complementaria adecuada y alimentación durante la enfermedad y convalecencia.

• **Suplementación con micronutrientes:** Suplementación con vitamina A, suplementación con hierro y suplementación con zinc.

• **Acciones de salud pública:** promoción y monitoreo del crecimiento, oferta de servicios básicos de salud y uso de agua segura (Ministerio de Salud Pública, 2009).

Según (Carpio-Arias, y otros, 2018) más allá de su expresión corporal a menudo doloroso, de su contenido afectivo y emocional, las enfermedades de la nutrición tienen un sentido y un significado social, como expresión patológica de las necesidades que las sufren y que afecta a todos. Por tanto, la desnutrición es considerado como un fenómeno de origen multifactorial, resultado de una amplia gama de condiciones sociales y económicas, siendo uno de los problemas más apremiantes en la población infantil.

- Proyectos innovadores en diferentes comunidades

Uno de los componentes principal que existe en la población que tiene más peso en la prevención de la desnutrición es el componente educativo, en donde nosotros como profesionales proponemos este articulo para que los padres tengan en consideración la parte educación formal y la enseñanza sanitaria nutricional en donde se detallarán diferentes prácticas que son específicamente diseñadas para proteger y promover la salud, un ejemplo es suministrar a las mujeres alimentos abundantes, densos en energía, durante los primeros meses después del parto, con la finalidad de promover y proteger el estado de salud de la comunidad.

La desnutrición está presente más en épocas de máxima aceleración del crecimiento de los chicos, en especial en infantes de 0 a 5 años. Por ello como profesionales necesitamos conocer el estado nutricional de estos niños del sector de Guayaquil, en dependencia de su edad, sexo, sus hábitos alimenticios y componentes asociados como grado socioeconómico, para que por medio de estos datos podamos planear actividades de prevención y procedimiento en beneficio poblacional, corriendo así, el peligro de influir en forma severa el sistema nervioso central, el sistema de protección del organismo (inmunológico) y el desarrollo psicomotriz y psicosocial de los niños menores a 5 años de edad (García-Sámano, 2018).

Además, se requiere aportar a la Atención Primaria de Salud, brindar bases estadísticas sobre el asunto de la malnutrición considerado actualmente un problema de salud pública para la prevención de este. Una forma de superar este problema es aplicando un programa de rehabilitación nutricional que no sólo se dedique a revertir este problema físico, sino que promueva cambios de comportamiento en la nutrición y en la salud de las madres de los infantes con déficit nutricionales, con la finalidad de obtener diferentes beneficios en donde no solo dejará recobrarse nutricionalmente al infante, sino que evitara que este o cualquier otro infante de la sociedad caiga en las garras de la desnutrición.

Por otra parte, es necesario hacer más énfasis en esta problemática ya que en nuestro país existen muchas comunidades de bajos recursos económicos, en donde vamos a poder ayudar buscando el bienestar de ellos y de todo su núcleo familiar, puesto que esto conlleva a problemas a largo plazo a nivel social, en donde la única forma de contrarrestar la malnutrición infantil es poder atacar directamente a la causa de esta problemática social debido a el tamaño del problema nutricional en el Ecuador, es fundamental disponer de un sistema eficaz de detección de niños con desnutrición y rehabilitarlos, en forma correcto, eficiente y de forma integral que posibilite su sostenimiento en la época y que involucre no solo al personal de salud sino a las madres de los chicos desnutridos y a la sociedad principalmente.

- **Incidencia de la desnutrición infantil en menores de 5 años en Ecuador**

Según el Programa Mundial de alimentos (PMA), Ecuador es considerado como el cuarto país de América Latina, después de Guatemala, Honduras y Bolivia, con los peores índices de la desnutrición infantil. Es decir que actualmente el 26% de la población infantil ecuatoriana, desde su nacimiento a cinco años, sufre de desnutrición crónica, situación que se agrava más en las zonas rurales, donde alcanza el 35.7% de los menores, y es aún más crítica en los niños amerindios, con índices de más del 40%. En América Latina, casi el 40% de las familias vive en la extrema pobreza crítica, aproximadamente, 60 millones de niños pertenecen a estas familias; el 20% de estas familias, vive en estado de pobreza absoluta. (Peñafiel Carriel, 2015).

La desnutrición se debe principalmente a ingesta proteica y de micronutrientes insuficiente, en el mundo existe aproximadamente 821 millones de personas con desnutrición, mediante el cual se constituye la principal causa del retraso en el crecimiento, en la talla baja con el déficit cognitivo y en países en desarrollo se asocia a 60% de las muertes infantiles (Rivadeneira, 2020). Sin embargo, los micronutrientes, la de hierro es más prevalente.

En México el 4,4% de la población ha manifestado una pobreza extrema y 20% por debajo del bienestar mínimo. En niños con desnutrición aguda moderada, los alimentos suplementarios producen un incremento promedio en la tasa de recuperación cercana a 30 % (0.28); es más, al ser retirados estos alimentos, las tasas de recaída llegan a 50 % en el primer año (Talavera, 2020).

- **Resumen de hallazgos clave**

En primer término, se diría que en la mayoría de los casos, las madres no están bien informadas respecto a una alimentación adecuada para sus hijos y a su vez se ve influenciada por el medio que les rodeo como son: Bajo ingreso económico de sus padres, bajo nivel académico de los mismos, entre otros factores que influyen como el de disponer de vivienda, servicios básicos y sobre todo el de tener un buen acceso a la alimentación.

Y que se pueden extraer del análisis presentado en este proyecto tiene como finalidad capacitar a las personas de este sector de la ciudad en cuanto a la importancia de una buena nutrición en la etapa de la infancia ya que como se ha mencionado, es una etapa en la cual hay que alimentar muy bien a los niños y niñas, ya que es en esta etapa en la que su cuerpo necesita más que otras de obtener los nutrientes y vitaminas que son necesarias para un excelente desarrollo.

Basándonos en que se cuenta con la información necesaria y suficiente que permite llegar a la siguiente conclusión la cual expresa que si se llega a tener una notable coordinación interinstitucional se podrá realizar campañas de concientización respecto a la desnutrición crónica infantil y a si aportar a una mejora de esta.

La capacitación personalizada y el apoyo permanente a las madres lactantes aumentan los porcentajes de niños alimentados exclusivamente durante los primeros 3 meses de vida lo cual nos ayuda a disminuir el porcentaje de desnutrición en el país.

• **Propuestas para futuros estudios e intervenciones**

Realizar una intervención nutricional temprana y automatizada junto con la colaboración clínica es crítica para remediar el asunto de la malnutrición en los hospitales y tiene gran potencial para mejorar el cuidado del paciente, así como reducir los costos hospitalarios.

Siempre se debe de continuar con la lactancia materna y complementar su alimentación como lo indican las guías alimentarias para niños menores de dos años. El tratamiento nutricional como fórmulas debe de darse complementándose gradualmente con otros alimentos, especialmente aquellos que puedan estar disponibles en el hogar del paciente.

Implementar políticas administrativas y asistenciales que favorezcan una cultura institucional velando por la prevención de la malnutrición y la desnutrición de los pacientes.

Instaurar los procesos que aseguren una adecuada intervención nutricional y que la condición nutricional de los pacientes se monitorice de forma rutinaria.

Referencias

Alberto Javier García-Garroa, M. G.-F.-O. (2007). Tratamiento con soja de pacientes desnutridos de 1 a 4 años. *Elseiver*, 69-73 .

Alvarez Ortega, L. G. (2019). Desnutrición infantil, una mirada desde diversos factores. *Investigación Valdizana, 13(1),* , 15–26.

Alvarez Ortega, L. G. (2019). Desnutrición infantil, una mirada desde diversos factores. *INVESTIGACIÓN VALDIZANA*, 1-12.

Álvarez Ortega, L. G. (2019). Desnutrición infantil, una mirada desde diversos factores. *Universidad Nacional Hermilio Valdizán , Perú*, 15-26 .

Álvarez Ortega, L. G. (2019). Desnutrición infantil, una mirada desde diversos factores. *Universidad Nacional Hermilio Valdizán.*, 15-26 .

Brahm, P., & Valdés, V. (2017). Beneficios de la lactancia materna y riesgos de no amamantar. *Rev Chil Pediatr*, 7-14.

Cancela, M. d. (15 de noviembre de 2021). *Innatia - Salud, bienestare y tradiciones* . Obtenido de http://www.innatia.com/s/c-alimentacion-infantil/a-grados-de-desnutricion-en-los-ninos.html

Carpio-Arias, T., Ramos-Padilla, P., Delgado-López, V., Villavicencio-Barriga, V., Carpio-Salas, J., & Morejón-Terán, Y. (2018). ESTADO NUTRICIONAL, CONSUMO DE ALIMENTOS, ACTIVIDAD FÍSICA Y TRASTORNOS DE LA ALIMENTACIÓN EN ADOLESCENTES DE ÁREAS URBANAS Y RURALES EN LA REGIÓN ANDINA DEL ECUADOR. *Talentos revista de invetigación*, 84-93.

Chimborazo Bermeo, M. A., & Aguaiza Pichazaca, E. (2023). *Factores asociados a la desnutrición crónica infantil en menores de 5 años en el Ecuador: Una revisión sistemática.* Cuenca: LATAM.

Connect, E. (18 de 12 de 2018). Enfermedades nutricionales (patología estructural y funcional): marasmo y kwashiorkor. *ELSEVIER*, págs. 1-5.

Cueva Moncayo, M., & Pérez Padilla, P. (2021). La desnutrición infantil en Ecuador.Una revisión de literaturaDesnutrición infantil en Ecuador. Una revisión de la literaturanuevo. *Boletín de Malariología y Salud Ambiental*, 556-564.

Cuevas-Nasu, L., Gaona-Pineda, E. B., Rodríguez-Ramírez, S., Morales-Ruán, M., González-Castell, L., García-Feregrino, R., . . . Rivera-Dommarco, J. (2019). Desnutrición crónica en población infantil de localidades con menos de 100 000 habitantes en México. *Salud pública de méxico*, 6-9.

Fernández-Martínez, L. S.-L.-C.-D.-M. (02 de 2022). Factores determinantes en la desnutrición infantil en San Juan y Martínez, 2020. *Scielo Rev Ciencias Médicas*, págs. http://scielo.sld.cu/scielo.php?script=sci_arttext&pid=S1561-31942022000100005.

García-Sámano, V. M. (2018). Desnutrición Crónica Infantil. . *ENSANUT*, 45 - 56.

González, Z. F., Font, A. J., Ochoa, M. Y., Rodríguez, E. C., & Estrada, A. M. (2020). La malnutrición; problema de salud pública de escala mundial. *SCielo*, 1-5.

Jiménez Benítez D., R. M. (2010). Análisis de determinantes sociales de la desnutrición en Latinoamérica. *https://www.researchgate.net/publication/268376586_Analisis_de_deter minantes_sociales_de_la_desnutricion_en_Latinoamerica.*

Martínez, J. G., Salazar Duque, D., Portugal Morejón, C., & Lala Gualotuña, K. (2020). Estado nutricional de niños menores de cinco años en la parroquia de Pifo. *Nutrición clínic y dietetica hospitalaria*, 90-99.

Martínez, R., & Andrés, F. (2007). *El costo del hambre: impacto social y económico de la desnutrición infantil en Centroamérica y República Dominicana*. República Dominicana: Comisión Económica para América Latina y el Caribe (CEPAL).

Ministerio de Salud Pública, y. A. (2009). MANUAL DE PROCESOS. *MSP*.

Moreno, S. P., Señarís, J. d., & Montserrat, J. G. (2020). Treatment of disease-related malnutrition: status of regulation in the Spanish National Health. *Nutrición Hospitalaria*, 1246-1280.

Naranjo Castillo, A. E. (2020). *Desnutrición infantil Kwashiorkor.* Guayaquil: RECIMUNDO.

Naranjo Castillo, A. E., Alcivar Cruz, V. A., Rodriguez Villamar, T. S., & Betancourt Bohórquez, F. A. (03 de 2020). Desnutrición infantil kwashiorkor. *Saberes del Conocimiento*, págs. 24-45.

Paraje, G. (2008). Evolución de la desnutrición crónica infantil y su distribución socioeconómica en siete países de América Latina y el Caribe . *CEPAL/UNICEF.*

Peñafiel Carriel, A. N. (2015). *"INCIDENCIA DE LA DESNUTRICIÓN Y SU RELACIÓN CON LA ANEMIA EN MENORES DE 5 AÑOS QUE ACUDEN AL CONSULTORIO DE LA FUNDACIÓN DE APOYO*

SOCIAL PADRE MANUEL SESMA, PALENQUE. Quevedo: UNIVERSIDAD TÉCNICA ESTATAL DE QUEVEDO.

Pozo Aguilar, M. S. (10 de Noviembre de 2022). CONDICIONES SOCIODEMOGRÁFICAS Y ESTADO NUTRICIONAL EN NIÑOS DE 1 A 5 AÑOS EN LA PARROQUIA DE ANGOCHAGUA. *Repositorio.* Ibarra, Ecuador: UNIVERSIDAD TÉCNICA DEL NORTE.

Quevedo Bolívar, P. A. (2019). La malnutrición: más allá de las deficiencias nutricionales. *: Departamento de Trabajo Social, Facultad de Ciencias Humanas, Universidad Nacional,* 219-239.

Quirindumbay Uchupailla, S. M. (12 de 2016). *La desnutrición infantil y los problemas que generan en el desarrollo neuromotriz de los niños de 1 a 3 años del CNH San Fernando, provincia del Azuay, cantón San Fernando.* Obtenido de Repositorio Institucional de la Universidad Politécnica Salesiana: https://dspace.ups.edu.ec/handle/123456789/13173

Ramos-Padilla, P. D.-L.-B.-A. (06 de 04 de 2020). Tipologías nutricionales en población infantil menor de 5 años de la provincia de Chimborazo, Ecuador. *Revista Española de Nutrición Humana y Dietética,* págs. 1-5.

Realpe Muñoz, A. M. (2013). DESNUTRICIÓN SEVERA TIPO KWASHIORKOR. *Revista Gastrohnup,* págs. 20-26.

Rivadeneira, M. F. (2020). Un modelo multicausal de desnutrición crónica y anemia en una población infantil rural costera del Ecuador. *Revista de salud maternoinfantil* , 472 - 482.

Ruiz Arciniega, J. G. (2021). La desnutrición infantil y su efecto en el neurodesarrollo: una revisión crítica desde la perspectiva ecuatoriana. *Mikarimin. Revista Científica Multidisciplinaria,* 131–146.

Saca Molina, E. C. (septiembre de 2018). *Repositorio Universidad Técnica de Cotopaxi* . Obtenido de https://repositorio.utc.edu.ec/items/3b2670fe-a62d-47dc-a5fb-1d6f6055464c

Salud, O. M. (2021). Niveles y tendencias de la desnutrición infantil: estimaciones conjuntas de UNICEF, la OMS y el Grupo del Banco Mundial sobre la desnutrición infantil: principales conclusiones de la edición de 2021. *https://iris.who.int/handle/10665/341135,* pág. 31.

Salud, O. M. (2024). Malnutrición. *OMG,* 1-6.

Santafé Sánchez, L. R., Sánchez Rodríguez, D., A.L., V. G., & C.H., G.-C. (2012). Nutritional status among hospitalized children with mixed diagnoses. *Nutrición Hospitalaria* , 1451-1459.

Senna Rodrigues, B., Campos Pellanda, L., & Andreatta Gottschall, B. (2012). NUTRITIONAL ASSESSMENT OF CHILDREN AND TEENAGERS. *Rev Chil Nutr Vol. 39, N°2.*

Talavera, J. O.-V.-A.-F.-J.-E. (2020). Prevención de desnutrición aguda moderada con un suplemento alimenticio listo para consumir en niños preescolares de comunidades rurales. *Scielo*, 509-518.

UNICEF. (2021). Levels and trends in child malnutritio. *UNICEF, WHO and the World Bank Group*, págs. 4-81.

UNICEF, p. l. (2022). Desnutrición Crónica Infantil. 1-6. Obtenido de https://www.unicef.org/ecuador/sites/unicef.org.ecuador/files/2021-03/Desnutricion-Cronica-Infantil.pdf

yes
I want morebooks!

Buy your books fast and straightforward online - at one of world's fastest growing online book stores! Environmentally sound due to Print-on-Demand technologies.

Buy your books online at
www.morebooks.shop

¡Compre sus libros rápido y directo en internet, en una de las librerías en línea con mayor crecimiento en el mundo! Producción que protege el medio ambiente a través de las tecnologías de impresión bajo demanda.

Compre sus libros online en
www.morebooks.shop

Printed by Books on Demand GmbH, Norderstedt / Germany